みんなの命と生活をささえる
インフラってなに？
❷ 下水
～つかった水はどこへいく？～

編／こどもくらぶ

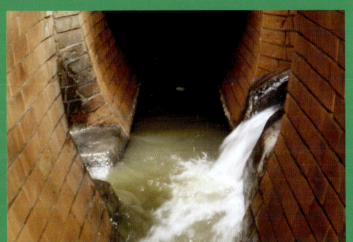

筑摩書房

巻頭特集

首都圏を洪水から守る地下神殿！

　この写真は、大雨により首都圏の河川が氾濫しそうになったときにそなえてつくられた、「首都圏外郭放水路」という世界最大級の洪水対策施設です。緊急時に首都圏を流れる中小河川のあふれた水を流すために、日本の最先端の土木技術を結集して、2006（平成18）年6月に完成！

　大雨により河川があふれるときは、下水もあふれてしまいます。こうした洪水対策施設は、まちを洪水から守る「守護神」として、大小さまざまなものが全国につくられています。首都圏の守護神が、この首都圏外郭放水路です。巨大な水槽は、まるで「地下神殿」のようですね。

　この施設では、大雨が降ると、次の手順で水を江戸川に流しています。

- 大雨が降る。
- 川からあふれた水が、流入路にそって首都圏外郭放水路の立坑Ａ（→P37）に流れこむ。
- それぞれの立坑とトンネルに雨水がたまる。
- 地下トンネルＢを通って水が流れだす。
- 流れてきた水は調圧水槽Ｃに入る。
- 排水機場Ｄのポンプが動きだし、江戸川に排水される。

Ｃ ▶地下22mにつくられた巨大な空間「調圧水槽」。重さ500トンの柱59本で天井をささえている。地下トンネルから流れてきた水をいったんためて水のいきおいを弱め、スムーズに排水する役割をもつ。

巨大水槽が地下につくられている！長さ6.3kmの地下トンネルだ！

Ａ ▲立坑。

Ｂ ▲地下トンネル。

外国にもある!!

▲これは、トルコのイスタンブールにある東ローマ帝国時代につくられた貯水槽。「地下宮殿」とよばれている。巨大な施設が6世紀につくられていた。このことは、「水道というインフラ」（→P4）が人類にとって非常に重要だったことを物語っている。トルコの地下宮殿は長さ138m×はば65m×高さ9mだが、首都圏外郭放水路の「地下神殿」は、なんと長さ177m×はば78m×高さ18m。世界最大級だ！！

▲Ⓑは、地下50mを貫く総延長6.3kmの地下トンネルになっている。

写真・資料：国土交通省江戸川河川事務所

はじめに

「こんなに大きな水槽が、道路の下につくられているの!?」
この本の「巻頭特集」を見てびっくりした人も多いのではないでしょうか。このシリーズ「インフラってなに？」の「インフラ」は、災害のあとなどによく聞く言葉ですが、どういう意味かを正確に答えるのは決してかんたんなことではありません。「インフラ」は英語の infrastructure の略語で、「社会基盤」のことです。でも、「社会基盤」という言葉もよくわかりませんよね。そこで、「人びとの命と生活をささえる設備・施設などのこと」と解説されます。

災害のあとなど、水道・電気・ガスなどがつかえなくなると命にかかわりますね。これらはまさしく「ライフライン（命綱）」ともいわれる「インフラ」なのです。でも、それだけではありません。道路や鉄道などの輸送設備や情報をつたえる通信設備もインフラとよばれています。また、学校や病院、公園、社会福祉施設なども、人びとの生活をささえるたいせつなインフラということができます。

日本は、世界のなかでも、インフラの整備が非常に進んだ国です。蛇口をひねればいつでもきれいな水が飲めます。全国どこででも電気やガスがつかえます。インフラはあみの目のように日本全国にはりめぐらされているのです。道路の下には、水道管のほか、ガス管や、電気や通信の回線、下水道も通っています（下図参照）。そんな国は、世界でもめずらしいといわれています。ところが、わたしたちは、これらによって命と生活がささえられていることをわすれがちです。水道管やガス管、下水道の工事を見てもなにも感じない人が多くいます。それどころか通行のじゃまだと文句をいう人もいます。

しかし、そんな日本でも、「インフラが破壊された」「ライフラインが寸断された」などという言葉が飛びかうことがあります。地震や洪水などの災害が発生したときです。2011年の東日本大震災や2016年の熊本地震では、インフラがはげしく破壊されました。そんなときにだけインフラのありがたさを感じても「のど元すぎれば熱さをわすれる」ということわざ状態！　それでいいのでしょうか。

福島第一原子力発電所の事故により首都圏でも節電がよびかけられましたが、まもなく電気も復旧。その日本に対し、世界じゅうでおどろきの声が上がりました。日本の技術力の高さはいうまでもありませんが、これは、巻頭特集で見たようなライフラインを維持するための日ごろの備えの賜物なのです。

みなさんも、こうした日本のインフラに対しあらためて注目して、日本という国の魅力を感じ、それを将来にわたり受けついでいく気持ちを高めてほしいと思います。
なお、このシリーズは、次の5巻で構成してあります。

❶水道　〜飲み水はどこからくる？
❷下水　〜つかった水はどこへいく？
❸通信　〜のろしからWi-Fiまで
❹電気　〜電灯から自動車まで
❺ガス　〜燃える気体のひみつ

▲都市の大きな道路の地下には、水道、ガス、電気などの配管をまとめて通す太い管（共同溝）がうめられていることもある。

もくじ

巻頭特集　首都圏を洪水から守る地下神殿！ ……………… 2
はじめに ……………………………………………………… 4

第1章　下水道の歴史 …………………………………… 6

1　古代の下水道 ………………………………………… 6
   もっと知りたい！ 上水道・中水道・下水道 ………… 7
2　下水とトイレ ………………………………………… 8
3　下水道の近代化 ……………………………………… 10
4　日本の下水道のはじまり …………………………… 12
   もっと知りたい！ 江戸時代の水インフラ ………… 14
5　ヨーロッパ式下水道日本上陸！ …………………… 16
6　日本の下水処理の進化 ……………………………… 18

第2章　現在の下水道 …………………………………… 20

7　下水道のしくみとはたらき ………………………… 20
   もっと知りたい！ 汚泥の再利用と資源利用 ……… 22
8　ますとマンホール …………………………………… 24
9　氾濫をふせぐ下水道 ………………………………… 26
   もっと知りたい！ ゲリラ豪雨による水害 ………… 28

第3章　これからの下水道 ……………………………… 30

10　世界と日本の下水道の課題 ………………………… 30
11　下水道施設の耐震化を進める ……………………… 32
   もっと知りたい！ 虹の下水道館をたずねよう！ … 34
虹の下水道館でできる仕事体験 ………………………… 36

用語解説 ……………………………………………………… 37
さくいん ……………………………………………………… 38

第1章 下水道の歴史

1 古代の下水道

人類は、古代文明の時代から飲み水を確保することと、つかった水をすてること（排水）に知恵をしぼってきた。
世界最古の下水道は、約4000年前のインダス文明の都市モヘンジョ・ダロでつくられたと見られている。

❶エジプト文明　❷メソポタミア文明
❸インダス文明　❹中国文明

▲現在のクロアカ・マキシマの排水口。

▲モヘンジョ・ダロの遺跡の一部。手前右に見えるみぞは下水道と考えられている。　写真：robertharding／アフロ

古代文明では

モヘンジョ・ダロの下水道は、れんがづくり。排水を集めて川に流す役割をはたしていたとされています。こうした下水道は、メソポタミア文明、エジプト文明、中国文明*の遺跡からも発見されています。古代の人たちにとっても、下水道は、とても重要なものでした。

古代ローマには、紀元前600年ごろの王が建設した「クロアカ・マキシマ」とよばれる下水システムがありました。もともとローマは湿地帯にまちがつくられたので、近くを流れるテベレ川に排水を運ぶ水路が必要でした。

排水路は、最初は地上につくられましたが、まちに建物がふえてくるとじょじょに暗渠（→P37）になっていきます。排水路は公衆便所や公衆浴場にもつながっていました。

*現代のパキスタン中心部を流れるインダス川流域にさかえた文明を「インダス文明」、イラクを流れるチグリス川とユーフラテス川流域にさかえた文明を「メソポタミア文明」、中国の黄河と揚子江流域にさかえた文明を「中国文明」、ナイル川下流にさかえた文明を「エジプト文明」とよんでいる。

もっと知りたい！
上水道・中水道・下水道

この本は、インフラ（→P4）としての「下水道」をテーマにしているが、そもそも「下水」とは？「下水道」とは？について、まず確認しておこう。「上水道」「中水道」（→P21）という言葉もある。

■「下水」とは？

『大辞林』の「下水」の項には、「家庭や工場から捨てられる汚水や廃水および雨水。↔上水」とあり、「飲料その他のため、溝や管などを通して供給される水」である「上水」に対する言葉であるとしめされています。

なお、ここでは「廃水」という漢字がつかわれていますが、左ページでは、「排水」としてあります。そのちがいは、次のとおりです。

- 排水：余分な水を取りのぞくこと。または、取りのぞく行為そのものをさす。
- 廃水：排水のなかでも、とくに不純物や有害物質によって汚染された水をさす。

■ 上水道と下水道

人類は古代から、きれいな水でも流れていないと清潔さがうしなわれることや、生活排水（→P37）をたれ流しにすると病気の原因となることを、経験から理解していたと考えられます。そのため、古代から「上水道」と「下水道」の両方をつくってきました。しかも、下水道は、上水道より数千年も前につくられていたと推測されています。

- 上水道：水道水など、飲用に適した水を導くためにつくった施設。
- 下水道：生活排水や雨水などを流すための施設。

▼ローマのトレビの泉。もともとはローマ水道（→第1巻P8）の1つ「ヴィルゴ水道」の終点につくられた噴水。古代ローマには、この水を排水する下水道もつくられていた。

▲トルコ西部にある古代ローマ時代のエフェソスの遺跡にのこる、トイレの跡。

2 下水とトイレ

下水には、巻頭特集で見た雨水のほか、汚水（汚れた水）や廃水（→P7）がふくまれる。汚水には人の屎尿（うんことおしっこ）（→P37）もふくまれる。人類が下水道を必要としていた理由の1つに、屎尿の処理があった。

世界最古のトイレは水洗式！

古代文明のなかでもいちばん古いと見られているメソポタミア文明（→P6）では、数学、医学などの科学が発達し、土木技術も進んでいました。トイレも「水洗トイレ」だったのです！

現在のイラク北部のエシュヌンナ遺跡から、紀元前2200年ごろのものと見られる水洗トイレが発掘されました。これは、れんがをいすのような形に組んでつくられたもので、屎尿が、下水道を通って川へ流れるようになっていたと考えられています。

古代ローマでは、劇場や公衆浴場など、人が多く集まる施設がつくられました。そこでも、上の写真のような水洗の公衆トイレがつくられ、上水道も下水道も整備されていました。

下水道の発達と限界

古代ローマの下水道は、一般市民の住宅にもつながっていました。そこから出される生活排水は、下水道を通ってテベレ川へと流されていたのです。

ところが、まちの人口がふえていくと、下水道は汚水を流しきれなくなってしまいます。

また、下水道につながっていない住宅では、汚水をためては外にすてるのが、ふつうとなりました。

やがて、まちの衛生状態がどんどん悪くなっていき、ペスト（→P37）などの伝染病がはやるようになります。まちの衛生状態の改善策として、しだいに下水道が注目されていきます。

しかし……。

中世ヨーロッパの下水道

　5世紀ごろに西ローマ帝国がほろぶと、それまで古代ローマからつづいてきた水洗トイレの文化も消えてしまいます。

　その後、パリでは、石畳の道路の中央にみぞをつくり、雨水を流していました。これは下水道とよべるものではなく、屎尿や生活排水を流すことは禁止されていました。それでも人びとは、そこへ屎尿を流したために、大雨が降れば、石畳の道路が汚物だらけになってしまいました。

＊西洋の時代区分の1つで、古代よりもあと、近代よりも前の時代のこと。おおよそ5世紀から16世紀ごろまでとされる。

▲パリの石畳のみぞ（撮影は19世紀）。

汚染された都市

　ヨーロッパでの伝染病の拡大は、ますます深刻になります。イギリス・ロンドンでは、1625年に4万人が死亡。1665年の大流行では7万人がペストで死んだといわれています。

　当時のロンドンの水は、非常に汚かったと考えられます。一部ではすでに上水道もありましたが、人口の大多数をしめる人びとは、井戸水を飲んでいました。しかし、その井戸水はひどく汚染されていました。なぜなら、まちじゅうが、人びとが投げすてた屎尿や、馬車を引く馬のふんなど、あらゆる汚物で汚れていたからです。

▶『テムズ川の水はモンスタースープ』と題された絵画。「1858年の大悪臭」といわれたテムズ川の汚さをえがいたとされ、顕微鏡で見えるさまざまな「モンスター」がえがかれている。

3 下水道の近代化

19世紀になると、汚物だらけで、においもひどかったヨーロッパの都市がようやく下水の処理施設をつくり、本格的に下水道の整備をしていった！

ナポレオン3世のパリ大改造

パリでは、1831年から権力の座にあったナポレオン3世*により、都市の大改造がおこなわれました。彼は、貧しい人たちの住まいを建てかえ、道路を拡張し、上下水道、公園など公共施設の整備を進めました。

下水道工事は1861年に完成。4本の「下水道幹線」が地形にあわせてつくられ、下水はパリの郊外まで運ばれてセーヌ川に流されたといいます（右ページ『物語 下水道の歴史』より）。

パリの下水道はその後も整備されていきます。

*フランス第一帝政の皇帝ナポレオン・ボナパルトのおい（1808～1873年）。フランス第二共和制の大統領となり、のちにフランス第二帝政の皇帝となった。在位期間は、1852～1870年。

プラス1 パリ万国博覧会

下水道幹線ができてまもない1867年、第2回パリ万国博覧会（万博）が開かれた。この万博には、江戸幕府の末期にあった日本もはじめて参加。江戸や薩摩藩、佐賀藩などから日本の使節団がおとずれ、万博の見学のほかパリの下水道施設も視察した。

▲パリ万博をえがいた絵。

パリの下水道

パリなどの都市で14世紀ごろからつくられた下水道は、当初は雨水や生活排水を流すためのもので、屎尿を流すのは禁止されていました。

ところが、19世紀になると屎尿を下水道に流すことが許可されたのです！　その背景には、じょじょに下水の処理法が整備されてきたことがあげられます。1848年にドイツのハンブルグで屎尿を処理して流せる処理施設が登場しました。パリでは、1865年にセーヌ川の近くで「灌漑処理法」による下水処理の実験がはじまりました。

その後、パリの下水道はどんどん拡大され、現在では総延長2000km以上におよんでいます。

▲パリに環状大下水道ができたのは1740年ごろ。写真は、パリにある下水道博物館で見られる下水道。　写真：ユニフォトプレス

プラス1　下水の灌漑処理法

「灌漑」とは「人工的に耕地に水を供給すること」をさす。『物語 下水道の歴史』（齋藤健次郎著、水道産業新聞社刊）によると、19世紀のパリでは、下水を畑にまいて、花やくだもの、穀物などの肥料としてつかう「灌漑処理法」がおこなわれていたという。パリの灌漑処理法による下水の処理は、第一次世界大戦直後までつづき、その広さは最大時で5000ヘクタールとなり、現在もおよそ2000ヘクタールほどのこっているとされている。

ロンドンの下水道

ロンドンでは1863年ごろに下水道が完成。それまで近くのテムズ川に流されていた汚水は、下水道を通って、市街地からはなれた下流のほうまで運ばれて放出されるようになりました。

この間、イギリス政府は、下水道に関する法律を何度も改正し、下水処理設備の改善につとめました。その結果、ロンドンをはじめとしたイギリスのまちの衛生状態はしだいに改善され、伝染病などによる死者もへっていきました。

ところが、テムズ川は、その後も屎尿や家畜のふん、生活排水、あらゆる種類のゴミ、動物の死体、ときに人間のくさった死体までがうかぶような状態がつづいていたといわれています。

結局、ロンドンの下水道が改善されたのは、20世紀に入って、微生物（→P37）を利用した下水処理法（活性汚泥法→P37）が開発されてからのことでした。

▲テムズ川の汚れのひどさをえがいた絵。
出典：『パンチ』素描集（岩波文庫）

4 日本の下水道のはじまり

日本では、縄文・弥生時代の遺跡に便所と下水道の跡が見られる。
平安時代には、屎尿を水で川に流す便所があった。
豊臣秀吉の時代、大坂で本格的な下水道がつくられた。

日本の屎尿処理

　日本では、農耕民族として人びとが定住しはじめたころから「便所」がつくられるようになりました。当初の便所は川の上につき出た桟橋のようなもの（桟橋式トイレ）。川の流れがはやい日本では、有効な屎尿処理でした。

　昔から農作物の肥料として屎尿が用いられていたため（→P14）、ヨーロッパのように（→P9、P11）すてられた屎尿でまちじゅうが汚れたり、川が汚染されたりすることはありませんでした。

▲桟橋式トイレの模型。くいの跡が川底にのこっている遺跡では、くいの周囲からふん石（大便の化石）が見つかっている。　写真：大田区立郷土博物館

プラス1　便所の遺跡

　日本の最初の便所と見られる遺跡は、縄文時代*1のもので、福井県の鳥浜貝塚で見つかった。また、弥生時代*2の遺跡からも下水道らしきものが見つかっている。飛鳥時代の藤原京*3の遺跡（現在の奈良県橿原市）では、寄生虫の卵が検出された。また、おしりをふくのにつかわれたと考えられる、「ちゅう木」とよばれる木片が発見された。

*1・2 縄文時代と弥生時代は、日本の時代区分の1つ。縄文時代は約1万5000年前～約2300年前。その後の弥生時代は、紀元後3世紀なかごろまでつづいたとされている。

*3 藤原京は、計画的につくられた日本最初の人工都市で、694年に都となった。

▲現代のトイレットペーパーにあたるちゅう木。
写真：石川県埋蔵文化財センター

第1章　下水道の歴史

日本式の水洗トイレ！

　和歌山県にある高野山は、約1200年前に弘法大師*によって開かれた真言密教の修行場。かつてここの便所には、便つぼがなく、台所や風呂でつかった排水がトイレの下に流され、屎尿を川に流していたと考えられています（「高野式便所」といわれる）。

　この形式のトイレは、平安時代（794年から約400年間）にはすでにあったと推測され、「日本式水洗トイレ」といってもよいものだといわれています。

　じつは、このような水洗トイレは、第二次世界大戦終戦（1945年）後も日本各地にありました。ところが、日本では屎尿を農作物の肥料として利用する習慣があったことから、この種の水洗トイレは、むしろ異例のものだったといわれているのです。

＊平安時代の初期の僧。真言宗の開祖。

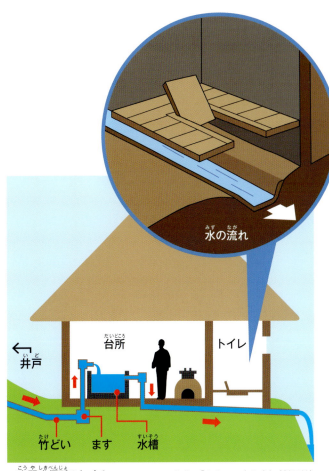

▲高野式便所のしくみ。　　参考：『すまいの火と水』（彰国社）

「太閤下水」

　豊臣秀吉（1537〜1598年）が大坂城と城下町をきずいた大坂（現在の大阪）は、港湾都市としてさかえ、商業の中心地・商人の都となりました。

　秀吉は、城下町を整備するにあたり、もともと低湿地が多かったことから「堀（運河）」をほり、ほった土をもって、土地のかさ上げをしました。そうして碁盤の目のような道路とまちをつくったのです。下水道の原型もこのときにつくられました。堀につながる下水道は、「背割下水」（→P37）、のちに「太閤下水」（「太閤」は秀吉の別称）とよばれるようになります。

　秀吉の時代の下水道はのべ10kmほどで、そのうちの一部は現在もつかわれています。

▼安土桃山時代（1568〜1603年ごろ）に大坂のまちにつくられた太閤下水。明治時代にふたが取りつけられて、現在は暗渠（→P37）になっている。　　写真：大阪市建設局下水道河川部

もっと知りたい！
江戸時代の水インフラ

水に関係するインフラには、上水道と下水道がある（現代には中水道もある）。
豊臣秀吉が下水道をつくったが、江戸時代になると、
上水道が大きく発達する一方、下水道の発展はあまり見られなかった。

■ 下水道が発達しない理由

屎尿には、植物の成育に必要な窒素やリンなどの有機物(→P37)が大量にふくまれています。そのため、発酵させて肥やし(→P37)にすることにより、野菜や穀物などの肥料として大きな効果があります。日本人は、古くからこのことを経験的によく知っていたのです。

日本で屎尿がいつごろから利用されはじめたのかは正確にはわかっていませんが、江戸時代には屎尿が肥料として売り買いされていました。

人びとがくらす長屋には、共同便所がもうけられ、屎尿の回収がおこなわれていました。ただの回収ではなく、お金をはらって屎尿をくみとり、それを農村に運んで売る業者もあらわれました。

そのため、古くからあった「水洗トイレ」(→P13)の普及は見られませんでした。

▲江戸時代後期の長屋の共同便所（模型）。　― 共同便所
写真：深川江戸資料館

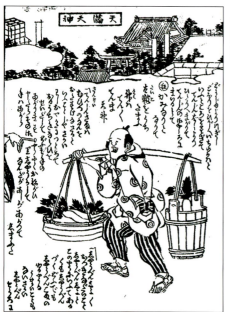
◀江戸のまちには、肥おけをかつぎ野菜と交換で小便（おしっこ）を回収してまわる人（小便買い）もいた。
出典：『諸国道中金の草鞋』
国立国会図書館所蔵

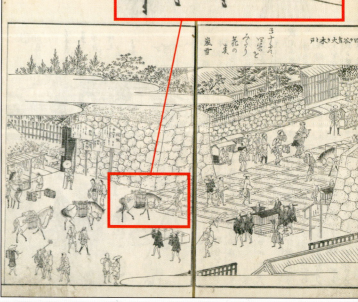
▶くみとった屎尿を入れた肥おけを馬で農村に運ぶ。
出典：『江戸名所図会』
国立国会図書館所蔵

■江戸の下水道

　江戸の武士や商人などの家のなかでは、上水（水道）と下水がはっきりわけられていて、生活排水を川に流すための下水道もありました。

　ただし、左ページで見た理由から、屎尿は流されませんでした。この点、江戸は同時代のパリやロンドンなどのヨーロッパの都市のようすとは、まったくことなっていたのです。

　当時の江戸は、人口が推定で100万人をこえていましたが、パリ（54万人）やロンドン（86万人）よりもはるかに清潔なまちだったといわれています。

▲江戸の上水井戸（→第1巻P11）と下水道をあらわした模型。

写真：東京都水道歴史館

◀絵の人物のむこうにかぎ形につくられているみぞが、下水道。

出典：『江戸名所図会』「鮫が橋」（部分）
国立国会図書館

▶道路のはしにつくられていたみぞ（下水道）。建物のひさしから落ちる雨水を受けて流していた。

出典：『江戸名所図会』「錦袋円」東京都立図書館

▲下水道管の断面は卵形で、横はばが610〜910mm、高さが910〜1360mmだった。

5 ヨーロッパ式下水道 日本上陸！

明治になると横浜で、数年後には東京で近代的な下水道の建設がはじまった。「神田下水」とよばれる当時の下水道の一部は、現在もつかわれている。

写真：東京都下水道局

第1章 下水道の歴史

下水道は横浜から

1869（明治2）年、横浜の外国人居留地[*1]で陶管（土を焼いてつくった土管）を道路の下にうめる工事がはじまりました。その10年後の1879（明治12）年には、居留地内の下水道が完成します。1881（明治14）年からは、れんがづくりの卵形の下水道管がつかわれるようになりました。さらにその後、居留地周辺まで下水道が延長され、1899（明治32）年には総延長が88kmになりました。

当時の卵形の下水道管は、現在でも横浜中華街の一部でつかわれています。

[*1] 明治政府が、ヨーロッパ数か国やアメリカとの条約をもとに、外国人の住まいおよび交易をおこなう区域としてとくに定めた一定の地域。横浜、神戸、長崎、函館などに、1899年まであった。

▲明治時代なかごろの外国人居留地。
写真：横浜開港資料館所蔵

▶横浜市にもうけられたれんがづくりの下水道管（1877年ごろ）。断面が卵形なので、卵形管とよばれた。

コレラの大流行のあと

1882（明治15）年、東京で死者5000名をこえるほどコレラが大流行。とくに人口が密集する現在の千代田区神田周辺は生活環境が悪く、流行の中心地の1つとなりました。

そこで東京府（当時）は、公衆衛生の改善のために、神田駅周辺の下水道の整備をはじめます。そうして1884（明治17）年に完成したのが、左ページの写真の「神田下水」です。これは、東京で最初の近代的下水道となりました。

この下水道は、オランダ人技師の技術指導を受けて設計され、れんがづくりで断面が卵形になっていました。

プラス1　卵形の下水道管

明治時代初期の下水道管は、れんがづくりで鳥の卵をさかさにしたような形だった。これは、1800年代なかばにイギリス人J・フィリップが考案したものとされる（横浜ではイギリス人技師、東京ではオランダ人技師が設計・建設を指導）。この形は、流れる下水の量が少ないときでも、ゴミがたまらないという利点がある。

外国人技師をまねいてつくられた下水道管は、同じ時期に建設された鹿鳴館や、外務省・通信省といった政府の建物とともに、文明開化[*2]の象徴といわれている。

▲1883（明治16）年に完成した鹿鳴館の建物。
写真：国立国会図書館

[*2] 明治時代に西洋の文明が入ってきて、さまざまな制度や習慣が大きく変化した現象のこと。

6 日本の下水処理の進化

明治時代に入り、横浜、東京で下水道がどんどん近代化された。ところが、逆に川が汚れはじめる。屎尿などが川に流されたからだ。日本全体としては、下水道の普及はなかなか進まなかった。

屎尿が川に流される！

明治になると日本の農業は、外国からもたらされた安い化学肥料をつかうようになります。それにともなって屎尿は、肥料としてしだいにつかわれなくなっていきました。

こうした時代の変化のなか、横浜や神戸の外国人居留地の下水道や、新しくつくられた東京の神田下水（→P16）には、生活排水だけでなく、屎尿も流されるようになりました。

すると、ヨーロッパの都市と同じように川の汚染がはじまり、悪臭がひどくなってきたのです。皇居の堀の水さえも！

政府は1890（明治23）年に、その対策として「水道法」を制定。上水道の衛生管理に力を入れます。さらに、その10年後の1900（明治33）年には、「下水道法」を制定します。

しかし、その後、東京をはじめとする大都市でも地方都市でも、下水道の整備は、なかなか進みませんでした。

本格的な下水処理場ができたのは、1922（大正11）年のこと。日本初の下水処理場として、東京の三河島汚水処分場が完成、運転を開始しました。この施設は、汚水を「散水ろ床法」（→P37）により処理するものです。

ついで1930（昭和5）年には、日本初の「活性汚泥法」（→P37）による下水処理が、名古屋の堀留および熱田処理場ではじまりました。1934（昭和9）年には、岐阜市で日本初の「分流式」（→P20、P37）による下水道事業がはじまりました。

1894（明治27）年	大阪市が上下水道改良事業を開始する。
1895（明治28）年	大阪市で本田抽水所（日本初のポンプ場）が完成する。
1900（明治33）年	下水道法が制定される。
1910年代	活性汚泥法が開発される。
1922（大正11）年	東京の三河島汚水処分場が完成する。

資料：国土交通省

▼旧三河島汚水処分場ポンプ場施設。

▲旧三河島汚水処分場のポンプ場施設。

日本初の近代的な汚水処分場

旧三河島汚水処分場は、東京都荒川区にある下水処理場で、1922（大正11）年につかわれはじめました。当初は、台東区から千代田区の一部にかけての地域から出される屎尿が運びこまれ、ここで処理。処理後の汚泥（→P22）を品川沖の東京湾に投棄しました。

しかし、戦後の復興が進み、どんどん人口が増加すると、ハエが大量発生したこともあって、処理方法の改良がもとめられます。

その結果、1959（昭和34）年になってようやく、現在も採用されている活性汚泥法による下水処理がおこなわれるようになりました。

三河島汚水処分場は、1953年に三河島下水処理場となり、さらに2003年に三河島水再生センターと改称して、現在もつかわれています。

なお、旧三河島汚水処分場ポンプ場施設の建物は2007年、歴史的価値がみとめられ、国の重要文化財*に指定されました。

*文部科学大臣が重要だとして指定した有形（形のある）文化財。そのうち、とくにすぐれたものが国宝に指定される。

▼現在の三河島水再生センター。

第2章 現在の下水道

7 下水道のしくみとはたらき

この本ではこれまで、汚れた水を流す施設を「下水道」といってきた。現代の日本では、下水を集めて流す下水道管だけでなく、下水を処理してきれいな水にする下水処理場をあわせて、「下水道」とよばれている。

汚れた水のゆくえ

現代の日本では、家庭の生活排水や屎尿は、建物や庭の地面下にある排水管を通って、道路の下にうめられている下水道管に集められます。道路に降った雨は、道路わきのみぞ（側溝）などを通って下水道管に入ります。また、工場から出される廃水（→P7）も、下水道管に入ってくる場合があります。

下水道管に大量に流れこむ汚水は、下水処理場に送られていくのです。

▲下水道管。

下水道管のしくみ

下の絵からわかるように、下水が自然に流れていくように、下水道管はこう配をつけてうめられています。ところが、うめる場所が深くなっていくと、設置がむずかしくなります。そのため、ポンプをつかって汚水をくみ上げ、ふたたび自然のこう配で流すといったしくみが考えられました。

下水を運ぶ方法には、汚水と雨水をいっしょに運ぶ「合流式」（→P37）と、べつべつに運ぶ「分流式」（→P37）があります。合流式の場合、下水道管の本数が少なくてすみますが、大雨が降ると下水があふれることがあります。一方、分流式の場合、雨水は川や海に流し、下水処理場で処理するのは汚水だけですみます。

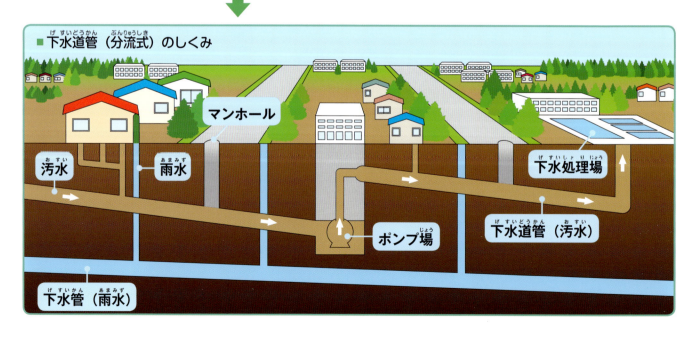
■下水道管（分流式）のしくみ

第2章 現在の下水道

■水再生センターのしくみとはたらき

出典:「東京都の下水道2016」

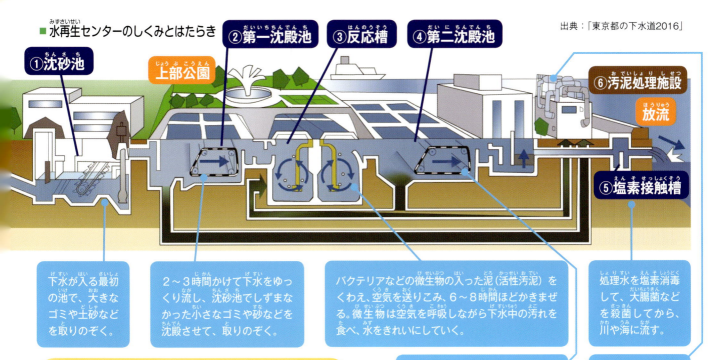

①沈砂池: 下水が入る最初の池で、大きなゴミや土砂などを取りのぞく。

②第一沈殿池: 2～3時間かけて下水をゆっくり流し、沈砂池でしずまなかった小さなゴミや砂などを沈殿させて、取りのぞく。

③反応槽: バクテリアなどの微生物の入った泥（活性汚泥）をくわえ、空気を送りこみ、6～8時間ほどかきまぜる。微生物は空気を呼吸しながら下水中の汚れを食べ、水をきれいにしていく。

④第二沈殿池: 反応槽で増殖した活性汚泥を3～4時間かけて沈殿させ、うわずみ（処理水）と汚泥に分離させる。

⑤塩素接触槽: 処理水を塩素消毒して、大腸菌などを殺菌してから、川や海に流す。

⑥汚泥処理施設: 第一・第二沈殿池で床に沈殿した汚泥を、有効利用するための施設。

下水処理場のはたらき

下水道管を通って下水処理場（東京都などでは「水再生センター」とよぶ）に集まってきた下水は、いくつかの段階をへてきれいな水となり、川や海に放流されます。

東京都の水再生センターは、2017年現在で20か所あります。一日で処理される下水は、約550万㎥です。これは50mの競泳用プールの約1400杯分に相当します。

下水は、上の図のように、沈殿という方法でゴミや砂などを取りのぞいたあと、活性汚泥法（→P37）によって処理されます。処理され、きれいになった水は「再生水」として使用されます。その用途は、工業用水や農業用水のほか、ビルの水洗トイレの用水、降雪地域の消雪用水など、さまざまです。近年では、大都市に見られるヒートアイランド現象（→P37）に対応するために、公園などの池の用水や、道路の散水などに利用されています（これらの施設をまとめて「中水道」とよぶ）。なお、水再生センターには、下水を処理する施設だけでなく、処理するときに発生した汚泥（→P22）を処理する施設もあります。

プラス1 浄化槽とは？

下水道の整備がまだ100％に達していない日本では、一般家庭や工場などで「浄化槽」が利用されていることがある。

浄化槽とは、汚水や生活排水、工場廃水の汚染物質を沈殿させ、化学薬品や微生物などで適切に処理して放流するもの。原理やしくみは、下水処理場とほぼ同じ。

■浄化槽のしくみ

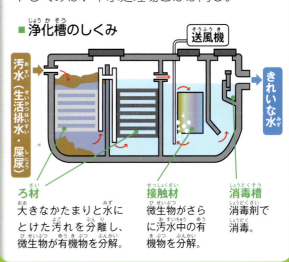

ろ材: 大きなかたまりと水にとけた汚れを分離し、微生物が有機物を分解。

接触材: 微生物がさらに汚水中の有機物を分解。

消毒槽: 消毒剤で消毒。

もっと知りたい！
汚泥の再利用と資源利用

「汚泥」とは、下水を処理する途中で生じる有機物が泥状になったもの。汚泥を適切に処理するには、高度な技術と多額の費用が必要だ。世界ではうめたて処分されることが多い汚泥だが、日本では有効利用している。

■ 汚泥のリサイクル

日本では、すでに汚泥を資源として再利用する技術が確立されていて、下水処理場には汚泥処理施設が併設されることが多くなっています。そこでは、汚泥を高熱で焼いて灰にしたうえで、いくつかの用途のものに再生しています。

たとえば、下水汚泥に多量にふくまれる肥料成分を活用した農業用たい肥（→P37）や、下水道工事のときのうめもどし材などに利用しています。

現在では、下水汚泥の資源としてのリサイクル率が8割程度にまで向上しています。

■ 汚泥のエネルギー利用

近年、下水汚泥は資源利用のほかに、エネルギー源としての大きな可能性があると期待されています。

汚泥を処理する途中で発生する液化ガスが、発電用の燃料や自動車の燃料としてもつかわれています。

そのほか、下水処理施設で発生する熱を地域の冷暖房などに利用したり、汚泥を焼いて炭化させた燃料を、火力発電所で石炭のかわりに利用したりすることもはじまっています。

▼汚泥から発生した液化ガスは、天然ガス自動車の燃料としても利用されている。

写真：神戸市建設局下水道部

▲汚泥を焼きかためて砂状にしたもの。道路のうめもどし材などに利用される。

写真：大阪市建設局下水道河川部

■落合水再生センターでは

　1964（昭和39）年3月に運転をはじめた落合水再生センターは、都庁がある副都心（西新宿）の北約2.5kmに位置し、中野区、新宿区、世田谷区、渋谷区、杉並区、豊島区、練馬区の一部地域の下水処理を担当しています。住宅地にかこまれた施設のため、ここでは、環境に気をくばった管理が徹底されています。

　処理した水は、すぐわきを流れる神田川に放流しています。その水質は魚がすめるほどです。一部は、再生水として西新宿地区などのトイレ用水や城南三河川の清流復活事業＊などに活用されています。発生した汚泥は、汚泥の処理工場である東部スラッジプラント（江東区）へ運ばれて処理されています。

　下水処理施設の地上部分は「落合中央公園」として、地域の人びとに開放されています。この公園は、1964年の施設稼働と同じ時期に日本ではじめて下水処理施設の上部を利用してつくられ、園内には野球場、テニスコートなどがあります。また、下水を膜ろ過法（→P37）で処理してつくられた高度処理（→P37）水は、「せせらぎの里公苑」の子ども広場に流されています。

＊水の流れがほとんどなく、河川環境が悪化していた渋谷川・目黒川・呑川へ、落合水再生センターから高度に処理した再生水を送水している。

■落合水再生センターの設備
※2017年4月現在

敷地面積	約8万5000㎡	
処理能力	45万㎥／日	
下水処理施設	沈砂池	8池
	第一沈殿池	12池
	反応槽	10槽
	第二沈殿池	12池
	砂ろ過池	33池
雨天時貯留池	2500㎥	

▲落合水再生センター。野球場やテニスコートもある。

8 ますとマンホール

下水道や下水道管は、ふつうは目にすることはない。
しかし、それらへつながる入口になっているものがある。
それが、ますとマンホールだ。

▲マンホールのふた。

◀公共ます。

ますってなに？

ますには「汚水ます」と「雨水ます」があります。汚水ますには、家庭の台所やトイレの排水管を点検・補修するために個人が設置し管理するものと、家の敷地外の道路などにある、下水道管に排水する直前の点検・補修をする際につかう「公共汚水ます」があります。

一方、雨水ますには、屋根の雨どいの下にもうけられる個人が管理するものと、道路の側溝にある地方自治体が管理する「公共雨水ます」があります。

- 汚水ます：建物から出た汚水を一度ためてから下水道管へ流すためのもの。下水道管の点検をする際に、また、ゴミや泥でつまったりしたとき、補修をするためにつかわれる。
- 雨水ます：道路に降った雨を一度ためてから下水道管へ流すためのもの。

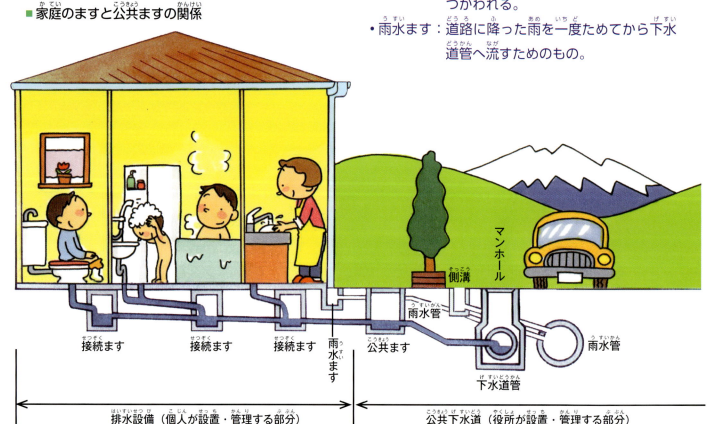

■家庭のますと公共ますの関係

接続ます　接続ます　接続ます　雨水ます　公共ます　雨水管　下水道管　雨水管　側溝　マンホール

排水設備（個人が設置・管理する部分）　公共下水道（役所が設置・管理する部分）

資料：日本下水道協会

マンホールの役割

「マンホール」は、人が道路下の下水道管の検査・清掃をするための出入口です。下水道管の起点になるところや合流するところ、下水道管の大きさ（直径）がかわるところ、段差のあるところなどにもうけられます。

マンホールには、ふつう鉄かコンクリートのふたがついています。ふたに凹凸のあるもようをつけるのは、マンホールの上を通る人や自転車、オートバイなどがすべったりしないようにするためです。

マンホールのふたが円形をしているのは、どのむきにしても、ふたがなかに落ちないようにするためです。四角形などでは、むきによってはなかに落ちてしまいます。

■マンホールの構造

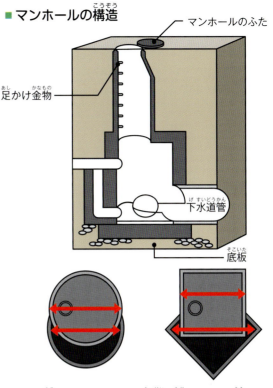

▲丸いマンホールなら、直径の長さはどこも同じなので、落ちる心配がない。四角形のマンホールだと、対角線が長いため、むきによっては落ちてしまう。

プラス1 マンホールのふたはおしゃれ！？

下水道の整備・管理は、市町村がおこなう事業とされていて、マンホールのふたは、市町村が独自につくる。最近では、花や木など地域に特有の自然や、お祭りや風景、歴史など地元にちなんだものが、デザインに取りあげられることもある。

外国では、マンホールのふたのもようは、ただのすべり止めのことが多い。

ふだん注目することの少ない足もとにも、自然や歴史などを感じさせるデザインをほどこし、楽しもうとする日本文化のゆたかさに、外国の人びとも注目している。

写真提供：石井英俊

▲大阪市住之江区のマンホールのふたには、大阪城がえがかれている。

▲山梨県河口湖町（現在の富士河口湖町）のマンホールのふたには、富士山と、河口湖にうつる「さかさ富士」がえがかれている。

▲秋田市のマンホールのふたには、伝統的な竿灯祭りがデザインされている。

9 氾濫をふせぐ下水道

都市部では大雨が降ると、道路の水が一気に下水道や川に流れこむ。
はげしい豪雨になると、下水があふれたり、川が氾濫したりすることがある。
そうならないようにするために、
どんなくふうがされているのだろうか？

大雨などの貯水と下水設備

　日本は近年、せまい範囲での集中豪雨（→P37）がひんぱんに発生し、被害をもたらすことがふえてきました。地球温暖化（→P37）の影響で、日本が熱帯化しているのではないかともいわれています。

　ほとんどの道路が舗装されている都市部では、雨水がしみこむ地面がほとんどなく、一時的な集中豪雨でも、下水道管が流せる水量をこえてしまいます。そのため下水が道路にあふれることもあります（「冠水」とよぶ）。ひどい場合には、川の氾濫が起こります。

　各自治体の下水道局では、こうしたことが起きないように、太い下水道管を新設するなど、浸水対策を実施しています。

■ 浸水対策のイメージ

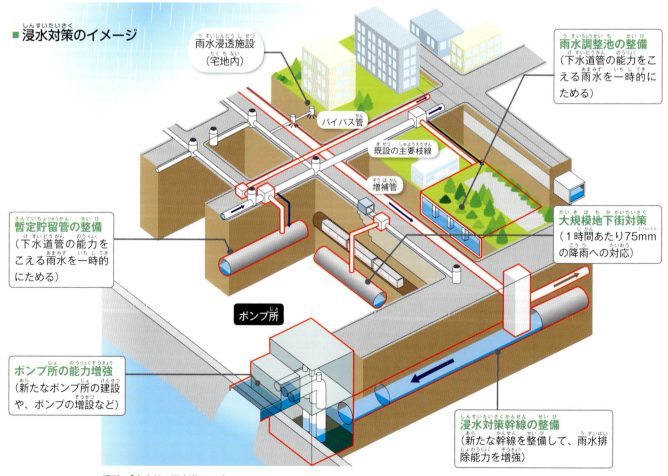

資料：「東京都の下水道2016」

第2章　現在の下水道

◀▼まちなかの道路をほりかえして、下水道工事がおこなわれている。

写真：クリーンサービス株式会社

下水道管をつまらせる大きな原因

　下水道管がつまる原因の1つとして、家庭から流されるつかい古しの油があります。油は冷えるとかたまって、下水道管をつまらせます。

　下水道管の調査・清掃はとても重要な作業です。細い管では専用カメラをつかって、また、直径80cm以上の太い管では、人がなかに入って点検します。これは、たいへんな作業です！

　地道な作業によって身近な下水道管は守られているということです。

▲下水にかみの毛や油を流すと、下水道管がつまる原因となる。

資料：日本下水道協会

プラス1　下水道管の材質

　下水道管には、コンクリート管、塩化ビニル管（→P37）、陶管（→P17）などがある。明治時代につくられたれんがの管（→P16）もまだ一部でつかわれている。

　下水道管は、材質によってその耐用年数がちがうが、耐用年数をこえたものは順次交換されている。道路をほっておこなう工事は、費用も時間もかかるので、各自治体で長期計画を立てて交換工事をおこなっている。

▲粘土を焼いてつくった陶管（土管）。

もっと知りたい！
ゲリラ豪雨による水害

「ゲリラ豪雨」とは、せまい地域で1時間あたり50mmをこえるような豪雨が短時間に降る現象。ただし、正式な気象用語ではない。
ゲリラ的に降ることからこの名がつけられ、2008年ごろからつかわれている。

■ 調整池と地下河川

「洪水」とは、河川の水量が異常にまして、川から水があふれる状態のことをさす言葉です。昔から日本では、春の融雪期や初夏の梅雨の時期、夏や秋の台風期などに大量の雨水が川に流れこんで水量がまし、川の水が川岸や堤防をこえたり堤防をくずしたりしてきました。

その結果、家屋の浸水や道路の冠水(→P26)などの被害が出ました。

各自治体では、洪水対策として、川はばを広げたり、堤防を高くしたり、強固にしたりする工事をおこなってきました。また、雨水を一時的にためておくための調整池もつくってきました。調整池には、ほりこみ式、地下式などがあります。ダムも、調整池の一種だといえます。

▲川の水が増水したとき、流入口が開き、調整池に水が流入するようになっている。

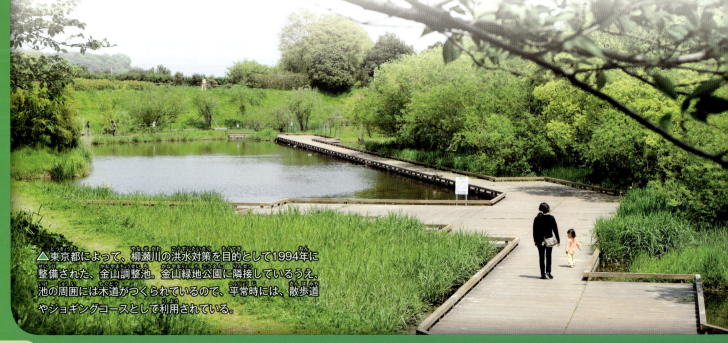

△東京都によって、柳瀬川の洪水対策を目的として1994年に整備された、金山調整池。金山緑地公園に隣接しているうえ、池の周囲には木道がつくられているので、平常時には、散歩道やジョギングコースとして利用されている。

■ 都市型浸水

近年、ゲリラ豪雨により、道路が舗装された市街地では雨水が地面にしみこまないで、下水道管にどっと流れこんであふれてしまう「都市型浸水」とよばれる水害がよく発生しています。

都市型浸水の際には、下水道管からトイレに汚水が逆流したり、急に大量の水が下水道管に流れこんだ圧力によってマンホールのふたがふきとんで、生活排水や汚水が地上に噴出したりすることがあります。

地下鉄や地下街などに、川からあふれた水とともに、大量の雨水が滝のように流れこむという、大きな被害が出たこともあります。

こうした都市型浸水を軽減するために、各自治体は大規模な調整池の整備を進めています。その1つの例が、福岡市の「山王雨水調整池」（下図）の整備です。

▲ふきあげられたマンホールのふた。

▲水が地下鉄の構内に流れこむ。　写真：国土交通省九州地方整備局

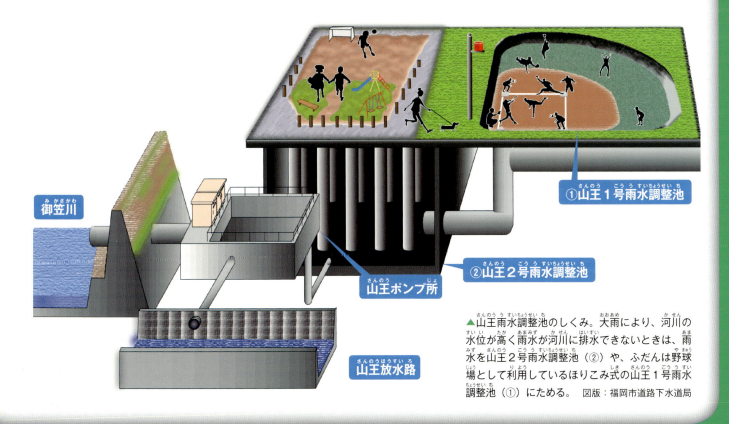
▲山王雨水調整池のしくみ。大雨により、河川の水位が高く雨水が河川に排水できないときは、雨水を山王2号雨水調整池（②）や、ふだんは野球場として利用しているほりこみ式の山王1号雨水調整池（①）にためる。　図版：福岡市道路下水道局

第3章 これからの下水道

10 世界と日本の下水道の課題

日本の下水道普及率は、いまだに80%に達していない。
県や市によっても差がある。世界でも、下水道普及率はまちまちだ。
日本でも世界でも、普及のための努力がつづけられている。

日本の下水道普及率

日本の下水道普及率は、全体で77.6%（2015年3月）で、4人のうち約3人が下水道を利用できる状況にあります。また、県別や市町村別の普及率はまちまちで、地域によって不平等になっています。

そうした背景には、自治体の財政的な問題だけでなく、地域や地区に特有の事情があります。

右の県別の普及率のグラフからは、和歌山県と徳島県の普及率が、ほかの県にくらべて低いことがわかります。この背景には、両県とも台風がひんぱんに通るコース上にあって、浸水被害になやまされてきたために、汚水処理より浸水対策に力をそそいできたことなどがあります。

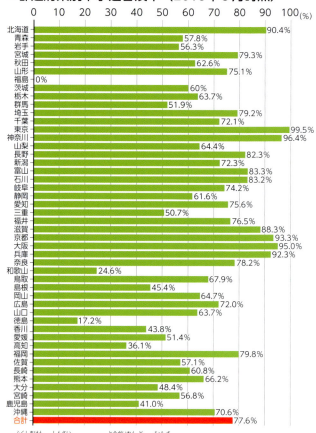

■都道府県別下水道普及率（2015年3月時点）

都道府県	普及率
北海道	90.4%
青森	57.8%
岩手	56.3%
宮城	79.3%
秋田	62.6%
山形	75.1%
福島	0%
茨城	60%
栃木	63.7%
群馬	51.9%
埼玉	79.2%
千葉	72.1%
東京	99.5%
神奈川	96.4%
山梨	64.4%
長野	82.3%
新潟	72.3%
富山	83.3%
石川	83.2%
岐阜	74.2%
静岡	61.6%
愛知	75.6%
三重	50.7%
福井	76.5%
滋賀	88.3%
京都	93.3%
大阪	95.0%
兵庫	92.3%
奈良	78.2%
和歌山	24.6%
鳥取	67.9%
島根	45.4%
岡山	64.7%
広島	72.0%
山口	63.7%
徳島	17.2%
香川	43.8%
愛媛	51.4%
高知	36.1%
福岡	79.8%
佐賀	57.1%
長崎	60.8%
熊本	66.2%
大分	48.4%
宮崎	56.8%
鹿児島	41.0%
沖縄	70.6%
合計	77.6%

※福島県は震災のため、当該年度は調査されなかった。

出典：国土交通省資料による

世界の下水道普及率

世界では、ヨーロッパの先進国の普及率がおおむね高くなっています。イギリスやドイツでは95%以上、イタリアで約81%です。

一方、アジアやアフリカなどでは、エジプトが約50%、サウジアラビアが約30%、インドが15%、インドネシアが3%などとなっています。これらの国では、都市部と農村部で差が非常に大きくなっています。

人類の歴史上、下水道が上水道より先に登場した（→P7）にもかかわらず、下水道の整備がなかなか発達しないのは、近代的な下水道の建設には、多額の予算が必要だからだといわれています。近代的な下水処理施設をつくるのは、非常にたいへんなことなのです！　どの国でも下水道の整備が、大きな課題となっています。

なお、下水道の普及が進まない背景には、トイレの習慣のちがいもあるといわれています。

第3章 これからの下水道

下水道の長寿命化工事

　明治時代からつくられてきた下水道は、すでに施設の老朽化が進んでいます。そのため、下水道管の交換や処理施設の建てかえが必要になってきました。しかも、交換工事をおこなう際には、処理能力や耐震性を向上させるなど、機能の充実がもとめられています。

　例として、現在、東京23区内の下水道管は、総距離約1万6000km。そのなかで、法律で決められた耐用年数である50年をこえた下水道管は1800km、今後20年間で新たに耐用年数をこえるものは8900kmあります。

　このような問題に対し、下水道管の耐用年数をのばす工事が各地で進められています。近年では、カメラなどで下水道管内の状態を調査し、損傷箇所を補強する方法や、クイック配管（下図参照）とよばれる方法がとられています。これらは、道路をほらずにできるので、はやくて安い方法としてさかんにおこなわれています。

▲東京都では東京23区を3つのエリアにわけて、耐用年数をのばすプロジェクトを進めている。赤が第1期、青が第2期、緑が第3期。　　資料：「東京都の下水道2016」

■ 長寿命化工事の例

▲管内部のコンクリート面が劣化している。

▲下水道管の内面を補強する工事がおこなわれたようす。
写真：福山市上下水道局

■ クイック配管の例

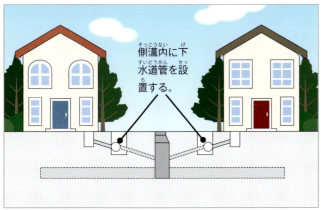
▲既存の側溝を利用する。

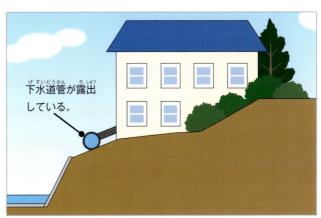
▲露出配管をする。

11 下水道施設の耐震化を進める

世界的に見ても地震が起きやすい日本列島では、すべてのインフラが耐震化対策を必要としている。下水道管の耐震化も急がれている。

▲地盤の液状化のために1mほどうき上がってしまったマンホール（2011年3月）。　写真：千葉県香取市

震災にそなえる

　地震大国・日本では、毎日どこかで地震が起きているといっても過言ではありません。阪神・淡路大震災（1995年）や東日本大震災（2011年）、熊本地震（2016年）のような巨大地震もなん年かごとにやってきています。新たな首都直下型地震や東海地震などが、近い将来かならず起こるといわれています。このため、各自治体の下水道局は現在、地震が発生する前提で、下水道設備の耐震化を急ピッチで進めています。

　地震で道路下の下水道管が破壊されると、補修するために交通を止めなければなりません。すると、地震被害者の救援や物資の運搬に支障が生じたり、トイレがつかえないことで、公衆衛生や人びとの健康に重大な影響が出たりします。しかも、下水道施設は、上水道、電気、ガスなどのライフラインとちがって「かわりとなる手段がないインフラ」のため、万一の事態にそなえておくことが非常に重要なのです。

プラス1　マンホールと下水道管の耐震化

　2004年の新潟中越地震や2011年の東日本大震災の際、人びとをおどろかせた光景の1つに、地面から大きくうき上がったマンホールがあった（上の写真）。そして、それにつながる下水道管にも被害が出た。原因は、地盤の液状化（→P37）だった。その結果、マンホールうき上がり防止と耐震化工事がはじまった。

　その工法にはいくつかあるが、予想される液状化の程度によって、工法が決められる。マンホールと下水道管の連結部を、ゴムブロックなどにかえて、地震のゆれを吸収する工法などがある。

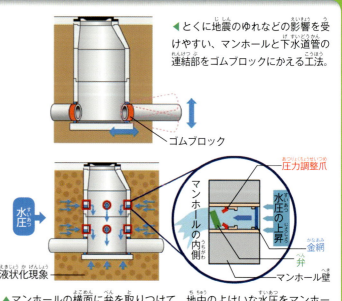

◀とくに地震のゆれなどの影響を受けやすい、マンホールと下水道管の連結部をゴムブロックにかえる工法。

▲マンホールの横面に弁を取りつけて、地中のよけいな水圧をマンホール内ににがすことで、うき上がりをおさえる工法。

第3章 これからの下水道

下水道管の耐震工事

現在、下水道管の内側に、地震に強い管を新たにつくるというやり方で、下水道管の耐震化がおこなわれています。

▲管の内側のコンクリートを厚くする耐震工事。

資料：「東京都の下水道2016」

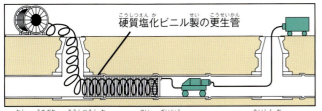

▲管の内側に硬質塩化ビニル製の材料をはりつけて、耐震化をはかる工事。

下水処理のバックアップ機能

東京都では、多摩川をはさむ位置に建設された6つの水再生センターを、2つずつ連絡管でむすびました。これにより、おたがいをバックアップできるようになりました。

▲多摩川上流・八王子水再生センター間連絡管（2006年度稼働）。

▲多摩川の3か所で、川を横断する連絡管をもうけて水再生センターをむすんでいる。

資料：「東京都の下水道2016」

もっと知りたい！
虹の下水道館をたずねよう！

「東京都虹の下水道館」は、東京都下水道局の広報施設。ふだん入ることのできない下水道管やポンプ所、中央監視室、水質検査室を見て、下水道の仕事を体験することができる。

■ 下水道を体験しよう！

江東区の有明水再生センター内にある「虹の下水道館」は、1996（平成8）年に当時の有明下水処理場の見学説明室としてもうけられました。その後改修され、2013（平成25）年、虹の下水道館として再オープンしました。

内部には、下水道管や下水処理場の監視室などが実物大で再現され、マンホールのなかをのぞいたり、清掃を体験したり、さまざまな実験をおこなったりしながら、下水道について学ぶことができます。

虹の下水道館には、もう1つ目的があります。それは、おとずれる人たちに、下水道にたずさわる人に注目してもらうことです。彼らの仕事を体験することで、下水道の役割やたいせつさを理解してもらおうとしています。

虹の下水道館は、東京臨海新交通臨海線「ゆりかもめ」のお台場海浜公園駅から約1kmのところに位置しています。

■ 虹の下水道館の館内マップ

▲エントランス。

▲アースくんの家。

▲下水道管の入口。

▲下水道管の内部。

▲下水道ひろば。

▲水再生センター、ポンプ所。

▲水再生センター、水質検査室。

▲水再生センター、中央監視室。

虹の下水道館でできる仕事体験

実物大の下水道管やポンプなどの設備をつかい、
下水道局職員のユニフォームを着て、仕事を体験できる!

❶ 下水道管をピカピカにしよう!

下水道管の汚れを水でふきとばす。

❷ 下水道管を探検しよう!

マンホールを通って、実物大の下水道管のなかに入り、探検!

❸ パイプをつないでポンプを動かそう!

水再生センターのポンプ所で、パイプを修理して、ポンプを動かす。

❹ まちを大雨から守ろう!

水再生センターの中央監視室で、ポンプを運転して、まちを大雨から守る。

❺ 微生物を観察しよう!

水再生センターの水質検査室で、下水道で活動している微生物を観察。

● 東京都虹の下水道館
所在地:〒135-0063 東京都江東区有明二丁目3番5号有明水再生センター5階
電話番号:03-5564-2458
開館時間:午前9時30分〜午後4時30分(入館は4時まで)
休館日:月曜日、年末年始
入館料は無料(団体利用は事前に電話で予約)

用語解説 50音順
右がわの数字はページ

暗渠 ……… 6
灌漑・排水などのために地下にもうけられた、おおいのある水路。「渠」はみぞを意味する文字。

塩化ビニル管 ……… 27
塩化ビニルは塩素と石油からできるエチレンという物質を反応させてできる化学素材。この素材でつくられた導管を塩化ビニル管という。

活性汚泥法 ……… 11
活性汚泥とは、バクテリアや原生動物（ゾウリムシやツリガネムシのなかま）などが大量に生息している褐色の泥のこと。水をきれいにする微生物の集まりである活性汚泥を利用して、下水を処理する方法が活性汚泥法。

高度処理 ……… 23
現在多くの水処理センターでおこなっている通常の処理方法（活性汚泥法）では、じゅうぶん取りのぞくことができない有機物や浮遊物質などを取りのぞくための処理方法。通常の処理水よりもきれいな処理水がえられるとされる。

合流式 ……… 20
1本の下水道管で汚水と雨水の両方を流す方式。日本で過去に敷設されてきた下水道管のほとんどは、この方式だった。

肥やし ……… 14
養分として土壌にほどこす肥料。

散水ろ床法 ……… 18
50〜60mmほどの石など、水をこし取る材料を円形の構造物のなかに1.5〜2mの高さにつめて、表面に下水を散水する処理法。材料のすきまを下水が通過するときに空気中から酸素が供給される。活性汚泥法にくらべて、維持管理が容易で温度の影響を受けにくいとされる。現在ではほとんど採用されていない。

屎尿 ……… 8
「屎」は、食べた米が排泄されたものとして大便を、「尿」は、飲んだ水が排泄されたものとして小便をあらわす。つまり、屎尿とは、うんことおしっこのこと。

地盤の液状化 ……… 32
地震のとき、砂を多くふくむ地盤で発生する現象。砂の粒子がかきまぜられることで上層部が液体状になって、家がかたむくなどの被害が生じる。

集中豪雨 ……… 26
ゲリラ豪雨などとよばれ、ときには1時間あたりの降雨量が50〜75mmほどの、もうれつな雨が降る。

生活排水 ……… 7
炊事や洗濯など人間の生活によって排出される水。

背割下水 ……… 13
大阪市に現在ものこる太閤下水の別称。下水道の位置がまちの境となり、下水道をはさんでまちが背中あわせになることから名づけられた。

たい肥 ……… 22
わら・ゴミ・落ち葉・排泄物などを積みかさね、自然に発酵・くさらせてつくった肥料。

立坑 ……… 2
垂直にほりさげた坑道のこと。多くの場合、地下の坑道（横坑）と地上とを連絡するためにつくられる。

地球温暖化 ……… 26
石油をはじめとした化石燃料がもえることで発生する二酸化炭素による温室効果で、地球全体の平均気温が上昇する現象。

ヒートアイランド現象 ……… 21
自動車の排気ガスや、ビルから排気される空調機器の熱風が原因で、郊外にくらべて都市部の気温が高くなる現象。

微生物 ……… 11
肉眼では観察できないほど小さな生物の総称。藻類、原生動物、真菌、細菌などがあり、ウイルスもふくまれる。下水の処理に利用される微生物は、アスピディスカ、ツリガネムシ、クマムシ、イタチムシ、アメーバなど。

分流式 ……… 20
汚水と雨水をべつべつの下水道管で流す方式。1970年の下水道法改正後は、下水道の整備はこの方式でおこなわれている。

ペスト ……… 8
ヒトの体にペスト菌が感染して発症する伝染病。ネズミやノミが媒介し、高熱とリンパ節炎、肺炎などをおこし、死亡率が高い。とくに敗血症にかかると、全身が黒色のあざだらけになって死亡することから、黒死病ともよばれた。歴史上、アジア、アフリカ、ヨーロッパなどで何度か大流行し、とくに14世紀の流行では、中国の人口が半分になり、ヨーロッパでも当時の人口の3分の1〜3分の2、約2000〜3000万人が死亡したと推定されている。

膜ろ過法 ……… 23
圧力をかけた原水を膜ろ過式の設備に流し、一定の大きさ以上の不純物を分離する方法。あみで水をこすのと同じで、粘土や細菌、プランクトンや、水にとけない鉄・マンガンなどを取りのぞくことができる。

有機物 ……… 14
生物のもとになる炭素分子をふくむ物質の総称。

さくいん

あ
- 雨水 … 2, 7, 8, 9, 11, 20, 26, 28, 29, 37
- 暗渠 … 6, 37
- 井戸水 … 9
- インダス文明 … 6
- インフラ … 4, 7, 14, 32
- 雨水ます … 24
- 衛生 … 8, 11, 17, 18, 32
- 液化ガス … 22
- エジプト文明 … 6
- 江戸 … 10, 14, 15
- 江戸川 … 2
- 塩化ビニル管 … 27, 37
- 塩素 … 21, 37
- 塩素接触槽 … 21
- 大阪（大坂）… 12, 13, 18, 37
- 汚水 … 7, 8, 11, 18, 20, 21, 24, 29, 30, 37
- 汚水処分場 … 19
- 汚水ます … 24
- 汚染 … 7, 9, 12, 18, 21
- 落合水再生センター … 23
- 汚泥 … 19, 21, 22, 23, 37
- 汚泥処理施設 … 21, 22
- 汚物 … 9, 10

か
- 外国人居留地 … 17, 18
- 河川 … 2, 23, 28
- 活性汚泥 … 21, 37
- 活性汚泥法 … 11, 18, 19, 21, 37
- 灌漑処理法 … 11
- 冠水 … 26, 28
- 神田下水 … 16, 17, 18
- クイック配管 … 31
- 熊本地震 … 4, 32
- クロアカ・マキシマ … 6
- 下水処理（場）… 11, 18, 19, 20, 21, 22, 23, 30, 33, 34
- 下水道管 … 17, 20, 21, 24, 25, 26, 27, 29, 31, 32, 33, 34, 36, 37
- 下水道幹線 … 10
- 下水道局 … 26, 32, 34, 36
- 下水道普及率 … 30
- 下水道法 … 18, 37
- ゲリラ豪雨 … 28, 29, 37
- 公共雨水ます … 24
- 公共汚水ます … 24
- 公衆浴場 … 6, 8
- 洪水 … 2, 4, 28
- 高度処理 … 23, 37
- 高野式便所 … 13
- 合流式 … 20, 37
- 古代文明 … 6, 8
- 古代ローマ … 6, 8, 9
- 肥やし … 14, 37
- コレラ … 17

さ
- 再生水 … 21, 23
- 散水ろ床法 … 18, 37
- 山王雨水調整池 … 29
- 桟橋式トイレ … 12
- 屎尿 … 8, 9, 11, 12, 13, 14, 15, 18, 19, 20, 21, 37
- 地盤の液状化 … 32, 37
- 集中豪雨 … 26, 37
- 首都圏外郭放水路 … 2
- 浄化槽 … 21
- 上水 … 7, 15
- 上水道 … 7, 8, 9, 14, 18, 30, 32
- 縄文時代 … 12
- 処理施設 … 10, 11, 22, 30, 31
- 浸水 … 28, 30
- 浸水対策 … 26, 30
- 水質検査室 … 34, 36
- 水洗トイレ … 8, 9, 13, 14, 21
- 水槽 … 2, 4
- スラッジプラント … 23
- 生活排水 … 7, 8, 9, 11, 15, 18, 20, 21, 29, 37
- セーヌ川 … 10, 11
- 背割下水 … 13, 37
- 側溝 … 20, 24

た
- 太閤下水 … 13, 37
- 耐震（化）… 31, 32, 33
- たい肥 … 22, 37
- 立坑 … 2, 37
- 卵形 … 17
- 地球温暖化 … 26, 37
- 中央監視室 … 34, 36
- ちゅう木 … 12

ちゅうごくぶんめい 中国文明 …………… 6	ふじわらきょう 藤原京 …………… 12	みぞ ………… 9,20,37
ちゅうすいどう 中水道 ………… 7,14,21	ぶんめいかいか 文明開化 ………… 17	メソポタミア文明 …… 6,8
ちょうあつすいそう 調圧水槽 …………… 2	ぶんりゅうしき 分流式 ………… 18,20,37	モヘンジョ・ダロ ……… 6
ちょうじゅみょうか 長寿命化 ………… 31	ペスト ………… 8,9,37	**や**
ちょうせいち 調整池 ………… 26,28,29	べんじょ 便所 ………… 6,12,13,14	やよいじだい 弥生時代 ………… 12
ちんさち 沈砂池 …………… 21,23	ほうりゅう 放流 …………… 21,23	ゆうきぶつ 有機物 …… 14,21,22,37
ちんでんち 沈殿池 …………… 21,23	ほり 堀 …………… 13,18	よこはま 横浜 ………… 16,17,18
テムズ川 …………… 11	ポンプ（所）…2,18,20,26,29, 34,36	**ら**
でんせんびょう 伝染病 ……… 8,9,11,37	**ま**	ライフライン ……… 4,32
とうかん 陶管 …………… 17,27	まくろかほう 膜ろ過法 ………… 23,37	れんが ……… 6,8,17,27
（東京都）虹の下水道館…34,36	ます …………… 24	れんらくかん 連絡管 …………… 33
どかん 土管 …………… 17	マンホール…24,25,29,32, 34,36	ろか（池）…………… 23
としがたしんすい 都市型浸水 ………… 29	みかわしまおすいしょぶんじょう 三河島汚水処分場 …… 18,19	ろくめいかん 鹿鳴館 …………… 17
とよとみひでよし 豊臣秀吉 ………… 12,13,14	みずさいせい 水再生センター …… 19,21,33, 34,36	ロンドン ……… 9,11,15
な		
ナポレオン3世 ………… 10		
にいがたちゅうえつじしん 新潟中越地震 ………… 32		
ねんりょう 燃料 …………… 22,37		
は		
はいすい 排水 ……… 2,6,7,13,24,37		
はいすい 廃水 ……… 7,8,20,21		
はいすいかん 排水管 …………… 20,24		
パリ ……… 9,10,11,15		
ばんこくはくらんかい パリ万国博覧会 ……… 10		
はんしん・あわじだいしんさい 阪神・淡路大震災 ……… 32		
はんのうそう 反応槽 …………… 21,23		
はんらん 氾濫 …………… 2,26		
ヒートアイランド現象…21,37		
ひがしにほんだいしんさい 東日本大震災 ………… 4,32		
びせいぶつ 微生物 ……… 11,21,36,37		
ひりょう 肥料…11,12,13,14,18,22,37		
フィリップ、J ………… 17		
ふくしまだいいちげんしりょくはつでんしょじこ 福島第一原子力発電所の事故…4		

■ 編／こどもくらぶ（稲葉茂勝）

「こどもくらぶ」は、あそび・教育・福祉の分野で、こどもに関する書籍を企画・編集。図書館書籍として毎年10〜20シリーズを企画・編集・DTP制作している。これまでの作品は1000タイトルを超す。

この本の情報は、特に明記されているもの以外は、2017年5月現在のものです。

■ 企画・制作・デザイン

株式会社今人舎

■ 写真・図版協力（敬称略）

東京都下水道局、国土交通省江戸川河川事務所、水道産業新聞社、石川県埋蔵文化財センター、神戸市建設局下水道部、大阪市建設局下水道河川部、日本下水道協会、横浜開港資料館、THE YOKOHAMA STANDARD、新大久保ホットガイド、石井英俊、クリーンサービス株式会社、©浪速丹治、清瀬市、国土交通省九州地方整備局、福岡市道路下水道局、福山市上下水道局、香取市、アフロ、Dreamstime、ユニフォトプレス、PIXTA、©Gryffindor、©PekePON

みんなの命と生活をささえる　インフラってなに？　②下水 ── つかった水はどこへいく？　NDC518

2017年7月25日　初版第1刷発行　2023年2月20日　初版第2刷発行

編	こどもくらぶ
発行者	喜入冬子
発行所	株式会社筑摩書房　〒111-8755　東京都台東区蔵前2-5-3
電話番号　03-5687-2601（代表）
印刷所	凸版印刷株式会社
製本所	凸版印刷株式会社

©Kodomo Kurabu 2017
Printed in Japan

40p／29cm
ISBN978-4-480-86452-9 C0350

乱丁・落丁本の場合は、送料小社負担でお取り替えいたします。

本書をコピー、スキャニング等の方法により無許諾で複製することは、法令に規定された場合を除いて禁止されています。請負業者等の第三者によるデジタル化は一切認められていませんので、ご注意ください。